Monika
Neubacher-Fesser

Tier-Kinder

Wir basteln mit Papier

CHRISTOPHORUS
BRUNNEN-REIHE

SEIT MEHR ALS 30 JAHREN STEHT DER NAME „CHRISTOPHORUS" FÜR KREATIVES UND KÜNSTLERISCHES GESTALTEN IN FREIZEIT UND BERUF. GENAUSO WIE DIESER BAND DER BRUNNEN-REIHE IST JEDES CHRISTOPHORUS-BUCH MIT VIEL SORGFALT ERARBEITET: DAMIT SIE SPASS UND ERFOLG BEIM GESTALTEN HABEN – UND FREUDE AN SCHÖNEN ERGEBNISSEN.

ISBN 3-419-55947-X

3. Auflage 1997

Styling und Fotos: Christoph Schmotz, Freiburg
Textredaktion: Fuchs & Orth, Freiburg
Umschlaggestaltung: Network!, München
Produktion: Print Production, Umkirch
Druck: Freiburger Graphische Betriebe, 1998

CHRISTOPHORUS
Bücher mit Ideen

Inhalt

Tierkinder

Kinder lieben Tiere, und ganz besonders lieben sie Tierkinder. Vielleicht finden sich die Menschenkinder in den Tierkindern wieder: Beide spielen und schmusen gerne, und es macht ihnen großen Spaß herumzutollen.
Auch an Bilderbüchern und Zeichentrickfilmen läßt sich ablesen, wie leicht sich Kinder in Tierkinder hineinversetzen.
Die Tierkinder in diesem Band werden sicherlich auch Ihren Kindern gefallen, und mit einigen von ihnen können sie sogar spielen: mit Elefanten, die Ringe fangen, oder mit turnenden Bären, mit schwimmenden Entenküken oder einem schaukelnden Frosch.
In der Vielfalt der Motive wird sicherlich auch Ihr Kind sein Lieblingstier wiederfinden.

Ich wünsche Ihnen viel Spaß beim Basteln und Spielen!

Monika Neubacher-Fesser

Material und Technik

Das Material

Das Grundmaterial für alle hier vorgestellten Bastelarbeiten ist Papier. Der Fachhandel hält eine große Palette an Papiersorten bereit: Tonpapier, Tonkarton, Wellpappe, Transparentpapier und Schnipselkarton gibt es in vielen verschiedenen Farbtönen. Die Papiersorten für die einzelnen Motivteile sind in den Anleitungen angegeben. Ebenso weitere Materialien wie beispielsweise Korken, Briefklammern, Holzstäbe etc., die für das ein oder andere Motiv benötigt werden.

Das Übertragen der Motive

Jedes Motiv ist in Originalgröße auf dem Vorlagenbogen abgebildet. Auch die benötigte Anzahl von Motivteilen ist dort angegeben.
Mit Hilfe von Kohlepapier und Bleistift können die Motivteile direkt auf das Papier übertragen werden. Dafür legt man das Kohlepapier mit der Kohleseite nach unten zwischen Vorlage und Papier bzw. Karton. Damit die einzelnen Lagen nicht verrutschen, heftet man am besten alles mit einigen Büroklammern zusammen. Dann zieht man mit einem harten Bleistift die Linien der Vorlage nach.
Wird ein Motiv mehrmals benötigt, empfiehlt es sich, eine Schablone aus Tonkarton herzustellen. So kann man sich das Aufzeichnen und Ausschneiden erleichtern.

Das Ausschneiden

Die übertragenen Motive zunächst grob mit der Schere ausschneiden. Dann mit dem Cutter oder mit der Schere die Konturen genau nachschneiden. Für das Arbeiten mit dem Cutter eignet sich eine spezielle Schneideunterlage aus Gummi besonders gut. Sie können auch einen dicken Karton benutzen, müssen dann aber aufpassen, daß das Messer nicht von einer alten Schneidespur abgelenkt wird. Halten Sie es locker in der Hand, und schneiden Sie zügig drauflos. Um kleinere Rundungen exakt auszuschneiden, eignet sich eine Schere besser.

Achtung: Für Kinder ist der scharfe Cutter nicht geeignet! Für sie empfiehlt sich eine spezielle Kinderschere mit abgerundeten Ecken.

Löcher stanzen

Bei einigen Objekten müssen Löcher gestanzt werden. Liegen sie nahe am Rand der Motivteile, kann man einen Bürolocher benutzen. Weiter innen liegende Lochmarkierungen lassen sich mit einer Lochzange, die auch auf verschiedene Lochgrößen eingestellt werden kann, problemlos ausstanzen. Natürlich können Löcher auch mit einer spitzen Schere in das Papier gebohrt werden. Dazu sollte man eine Unterlage benutzen.

Das Kleben

Für die Klebearbeiten eignet sich ein gut haftender Klebstoff wie z.B. UHU extra. Jüngere Kinder sollten jedoch lösungsmittelfreien Klebstoff (z.B. UHU flinke flasche) verwenden. Den Klebstoff sehr sparsam und immer etwas vom Rand entfernt auftragen, damit beim Zusammenpressen der Papierteile nichts herausquillt.

Das Aufhängen

Fensterbilder, Mobiles oder andere Objekte lassen sich leicht mit einer Nadel durchstechen und an einem Faden aufhängen. Frei schwebende Motivteile werden auf dieselbe Weise am Hauptmotiv befestigt. Dazu wählt man entweder Fäden passend zur Farbe des Tonkartons oder besser noch durchsichtige, dünne Nylonfäden.

Gute Nacht, kleine Maus

Material und Hilfsmittel

- Tonkarton in Gelb, Hellgrau
- Tonpapier in Braun, Weiß, Rosa, Hellgelb
- Glanzkarton in Gold
- Kohlepapier
- schwarzer Filzstift
- Buntstifte in Rot und Grau
- Schere oder Cutter
- Klebstoff
- Aufhängefaden
- Nadel

Vorlage A

1 Alle Motivteile vom Vorlagenbogen auf Tonkarton bzw. Tonpapier übertragen: den Mond und den kleinen Stern auf gelben und die Maus auf hellgrauen Tonkarton. Den Teddy auf braunes, das Nachthemd auf weißes, das Ohr auf rosa Tonpapier pausen, und alles ausschneiden. Einen großen Stern aus goldfarbenem Glanzkarton und den zweiten aus hellgelbem Tonpapier zuschneiden.

2 Das Ohrinnenteil und das Nachthemd, dann den kleinen Bären aufkleben. Die Maus auf der Mondsichel fixieren, und die Sterne befestigen.

3 Das Gesicht der Maus mit schwarzem Filzstift, das Bäckchen mit rotem Buntstift und die Barthaare mit grauem Buntstift aufmalen.

5 Zum Schluß einen Aufhängefaden anbringen.

Bienen-Mobile

Material und Hilfsmittel

- Tonkarton in Gelb, Schwarz, Hellbraun
- Tonpapier in Schwarz, Dunkelbraun
- Transparentpapier
- Kohlepapier
- schwarzer Filzstift
- roter Buntstift
- Schere oder Cutter
- Klebstoff
- Nylonfaden
- Nadel

Vorlage B

1. Alle Motivteile vom Vorlagenbogen auf Tonkarton, Tonpapier bzw. Transparentpapier übertragen: den Kopf und den Bienenkörper auf gelben, die Fühler auf schwarzen und den Kuchen auf hellbraunen Tonkarton. Die Streifen des Fells auf schwarzes, die Rosinen auf dunkelbraunes Tonpapier und die Flügel auf Transparentpapier pausen, und alles ausschneiden.

2. Die schwarzen Streifen auf beide Seiten des Bienenkörpers und die Fühler an den Kopf kleben. Die beiden Kopfteile und die Flügel an Vorder- und Rückseite des Körpers fixieren. Mit schwarzem Filzstift Mund und Augen malen, mit rotem Buntstift Bäckchen modellieren.

3. Entlang den gestrichelten Linien einen Teil des Kuchens von unten, einen Teil von oben einschneiden. Mit schwarzem Filzstift die Innenlinien nachziehen. Einige braune Punkte als Rosinen auf Vorder- und Rückseite der Kuchenhälften kleben. Die Kuchenhälften ineinanderstecken.

4. Eine Biene auf den Kuchen kleben. Die anderen beiden mit Hilfe von Nylonfäden am Kuchen befestigen.

5. Zum Schluß einen Aufhängefaden anbringen.

Bärenpost

❶ Die Vorlagen der Briefumschläge auf Tonpapier pausen und ausschneiden. Die gestrichelt eingezeichneten Linien umknicken.

❷ Die Mäuler und die Ohren auf Tonpapier in einer Kontrastfarbe, die Nasen auf schwarzes und die Augen auf weißes Tonpapier übertragen, und alles ausschneiden. Jeweils eine Nase auf ein Maulteil kleben. Mit schwarzem Filzstift Münder, Bartstoppeln und Pupillen aufzeichnen. Maulteile und Augen aufkleben.

❸ Die Briefumschläge falten und an den Seitenklappen zusammenkleben. Die Ohren an den gestrichelten Linien umknicken und jeweils hinten an der Oberkante des Umschlags fixieren.

Tip: Für die Versendung per Post den Umschlag auf der Vorderseite unterhalb der Ohren entlang den gestrichelten Linien einschneiden. Die Ohren durch die Schlitze stecken.

Material und Hilfsmittel

- **Tonpapier in Rot, Orange, Blau, Grün, Türkis, Violett, Weiß, Schwarz**
- **Kohlepapier**
- **Lineal**
- **schwarzer Filzstift**
- **Schere oder Cutter**
- **Klebstoff**

Vorlage C

Elefant

Material und Hilfsmittel

- **Tonkarton in Hellgrau**
- **Tonpapier in Rosa, Pink, Weiß**
- **Kohlepapier**
- **Stundenplan (ca. 20 x 10 cm)**
- **schwarzer Filzstift**
- **roter Buntstift**
- **Buntstift**
- **Schere oder Cutter**
- **Klebstoff**
- **Aufhängefaden**
- **Nadel**

Vorlage D

❶ Alle Motivteile vom Vorlagenbogen auf Tonkarton bzw. Tonpapier übertragen: den Elefantenkörper und die beiden Vorderfüße auf grauen Tonkarton. Die Ohren und Fußnägel auf rosa, den Mund auf pinkfarbenes und die Augen auf weißes Tonpapier pausen, und alles ausschneiden.

❷ Ohren, Fußnägel, Mund und Augen aufkleben. Mit schwarzem Filzstift Pupillen, Augenbrauen, Fuß- und Rüssellinien zeichnen. Mit rotem Buntstift ein Bäckchen aufmalen.

❸ Einen Stundenplan auf die Vorderseite des Elefanten kleben. Anschließend die Vorderpfoten fixieren.

❹ Einen Buntstift auf den Rüssel kleben, und einen Aufhängefaden anbringen.

Dienstag
Mittwoch
Donnerstag
Freitag

Frosch auf der Schaukel

Material und Hilfsmittel

- Tonkarton in Grün, Lila, Rot, Braun
- Tonpapier in Weiß, Schwarz, Rot, Hellviolett
- Kohlepapier
- schwarzer Filzstift
- grüner Buntstift
- Schere oder Cutter
- Lochzange
- Klebstoff
- Klebefilm
- Rundstab
- schwarzer Wollfaden

Vorlage E

❶ Die Motivteile vom Vorlagenbogen auf Tonkarton bzw. Tonpapier übertragen: Kopf, Finger und Füße auf grünen, den Pulli auf lila und die Hose auf roten Tonkarton. Augen auf weißes, Pupillen auf schwarzes und den Mund auf rotes Tonpapier pausen, und alles ausschneiden. Aus hellviolettem Tonpapier 14 Kreise zuschneiden.

❷ Die Hose hinten an den Pulli kleben. Füße, Hände und Kopf fixieren. Die Punkte auf Vorder- und Rückseite des Pullis kleben. Augen, Pupillen und Mund befestigen. Mit schwarzem Filzstift Nasenlöcher und Mundlinien zeichnen. Mit grünem Buntstift Bäckchen modellieren.

❸ Für das Schaukelbrett einen 18,5 x 2,5 cm großen Streifen aus braunem Tonkarton zuschneiden und am Po des Frosches festkleben. An den Querseiten des Brettes ein kleines Loch stanzen, und daran zwei etwa 80 cm lange Wollfäden befestigen. Die Fäden auf der Rückseite der Froschfinger mit etwas Klebefilm fixieren und auf halber Länge an einen Rundstab knoten. Die Enden der Wollfäden zum Aufhängen des Mobiles zusammenknoten.

Hampelkuh

Material und Hilfsmittel

- Tonkarton in Weiß, Pink
- Tonpapier in Schwarz
- Kohlepapier
- schwarzer Filzstift
- Briefklammern
- kleine Perle
- Schere oder Cutter
- Lochzange
- Klebstoff
- Wollfäden

Vorlage F

1. Alle Motivteile vom Vorlagenbogen auf Tonkarton bzw. Tonpapier übertragen: den Körper, den Kopf und den Schwanz der Kuh auf weißen, die Ohren und das Maul auf pinkfarbenen Tonkarton. Die Flecken des Fells auf schwarzes Tonpapier pausen, und alles ausschneiden.

2. Die schwarzen Flecken auf die Körperteile kleben. Das Maul an der Vorderseite und die Ohren an der Rückseite des Kopfes fixieren.

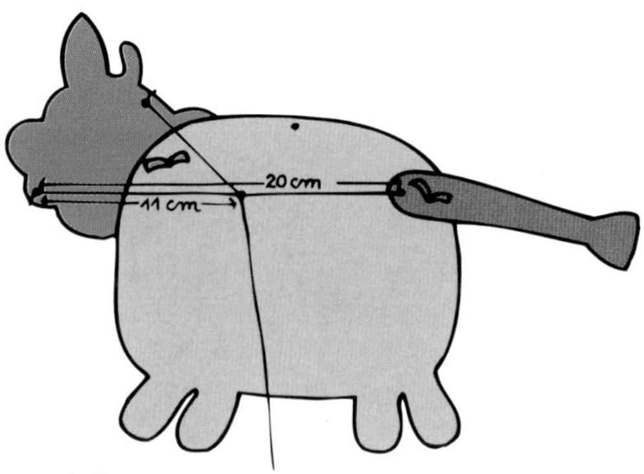

3. An den markierten Stellen kleine Löcher stanzen. Den Schwanz und den Kopf mit Briefklammern am Körper befestigen.

4. Auf der Rückseite der Kuh einen 30 cm langen Faden am vorderen Loch des Schwanzes und am Stanzloch im Maul der Kuh anknoten, so daß die dazwischenliegende Fadenstrecke 20 cm beträgt (siehe Zeichnung). Einen ca. 40 cm langen Wollfaden am Loch zwischen den Ohren und an der markierten Stelle des Kinn-Schwanz-Fadens befestigen.

5. Zum Schluß am Rücken der Kuh einen Aufhängefaden anbringen. Eine kleine Perle am Ziehfaden befestigen.

Schwimmende Entenküken

❶ Die Entenkörper auf gelben Tonkarton und die Schnäbel je zweimal auf orangefarbenes Tonpapier übertragen, und alles ausschneiden. Die Schnäbel jeweils beidseitig ankleben.

❷ Mit schwarzem Filzstift beidseitig Augen und Schnabellinien zeichnen. Mit orangefarbenem Buntstift Bäckchen modellieren.

❸ Je zwei Korken in der Mitte mit einem Messer ca. 0,5 cm tief einschneiden. Die Entenküken in die Schlitze stecken.

Spielidee: Die Entenküken schwimmen auf dem Wasser. Durch Pusten können sie angetrieben werden und schwimmen vielleicht um die Wette?

Material und Hilfsmittel

- **Tonkarton in Gelb**
- **Tonpapier in Orange**
- **Kohlepapier**
- **schwarzer Filzstift**
- **orangefarbener Buntstift**
- **Weinkorken**
- **Schere oder Cutter**
- **Messer**
- **Klebstoff**

Vorlage G

Marienkäfer

Material und Hilfsmittel

- Tonkarton in Rot, Schwarz
- Tonpapier in Schwarz, Orange, Weiß
- Kohlepapier
- schwarzer Filzstift
- roter Buntstift
- 2 Briefklammern
- Schere
- Lochzange
- Klebstoff

Vorlage H

1 Alle Motivteile vom Vorlagenbogen auf Tonkarton bzw. Tonpapier übertragen: die Käfer auf roten Tonkarton, die schwarzen Kopfteile je einmal und die Füße je zweimal auf schwarzen Tonkarton. Die Punkte je viermal auf schwarzes Tonpapier, die Gesichter auf orangefarbenes Tonpapier pausen, und alles ausschneiden.

2 Die Punkte auf die Körper kleben. Die Gesichter und anschließend die schwarzen Kopfteile fixieren. Aus weißem Papier kleine Kreise für die Augen ausschneiden und aufkleben. Mit schwarzem Filzstift die Pupillen und die Münder zeichnen, mit rotem Buntstift jeweils ein Bäckchen aufmalen.

3 Mit der Lochzange jeweils ein Loch in den Mittelpunkt der Füße und in die markierten Stellen des Körpers stanzen. Die Füße mit Briefklammern am Körper befestigen.

Turnende Bärenkinder

1 Alle Motivteile vom Vorlagenbogen auf Tonkarton bzw. Tonpapier übertragen: den Bärenkörper, die Arme und Beine auf hellbraunen, die Mütze einmal auf gelben und einmal auf türkisfarbenen, die Streifen zum Schieben auf dunkelbraunen Tonkarton. Die Hosenteile einmal auf hellgrünes und einmal auf orangefarbenes Tonpapier, die Ohrinnenteile auf beigefarbenes und die Augen auf weißes Tonpapier pausen, und alles ausschneiden.

2 Die Hosenoberteile auf die Körper und Hosenbeine auf die Beine kleben. Die Mützen an den Köpfen fixieren. Augen und Ohrinnenteile aufkleben. Mit schwarzem Filzstift die Gesichter und die Tatzen aufzeichnen. Mit rotem Buntstift Bäckchen modellieren.

3 An den markierten Stellen der Körper, der Arme, der Beine und der Schiebestreifen Löcher stanzen. Arme und Beine auf die Bärenkörper legen, und Briefklammern durch die Löcher stecken. Alles umdrehen, und auf der Rückseite die beiden Streifen befestigen.

4 Bewegt man nun die Streifen hin und her, schaukeln die Bären vor und zurück.

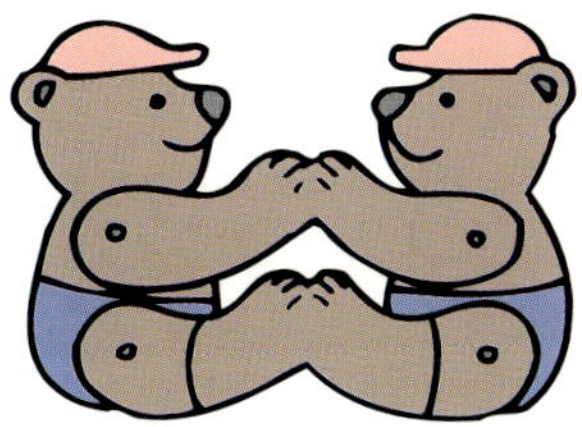

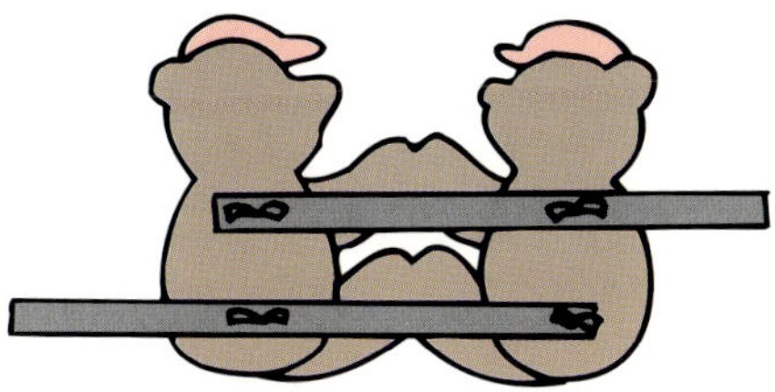

Material und Hilfsmittel

- Tonkarton in Hellbraun, Gelb, Türkis, Dunkelbraun
- Tonpapier in Hellgrün, Orange, Beige, Weiß
- Kohlepapier
- schwarzer Filzstift
- roter Buntstift
- Schere oder Cutter
- Lochzange
- 4 Briefklammern
- Klebstoff

Vorlage I

Hase und Ente

Material und Hilfsmittel

- Tonkarton in Gelb, Rot, Hellbraun
- Tonpapier in Orange, Schwarz, Blau, Beige
- Schnipselkarton in Blau
- Kohlepapier
- schwarzer Filzstift
- roter und weißer Buntstift
- Schere oder Cutter
- Klebstoff
- Nadel
- Aufhängefaden

Vorlage K

1 Alle Motivteile vom Vorlagenbogen auf Tonkarton bzw. Tonpapier übertragen: die Ente auf gelben, die Räder auf roten, den Hasenkörper und das Hasenbein auf hellbraunen Tonkarton. Den Entenschnabel auf orangefarbenes, die Radnaben und das Auge der Ente auf schwarzes, die Hose auf blaues, die Ohrinnenteile des Hasen auf beigefarbenes Tonpapier pausen, und alles ausschneiden. Den Pullover des Hasen aus blauem Schnipselkarton zuschneiden.

2 Den Schnabel der Ente beidseitig am Klebefalz des Kopfes ankleben. Die Räder gegengleich fixieren. Den Hasen am Entenkopf und mit dem Bein am Entenkörper festkleben. Pullover und Hose, dann Ohrinnenteile des Hasen, Augen der Ente und die Radnaben beidseitig aufkleben.

3 Nase, Bartstoppeln, Auge und Mund des Hasen sowie die Schnabellinie der Ente beidseitig mit schwarzem Filzstift einzeichnen. Die Öse an der Ente mit schwarzem Filzstift beidseitig anmalen. Mit rotem Buntstift dem Hasen Bäckchen modellieren, und mit weißem Buntstift Lichtpunkte in die Augen der Ente tupfen.

4 Zum Schluß einen Aufhängefaden anbringen.

Bären-Windrad

Material und Hilfsmittel

- Tonkarton in Hellbraun, Rot, Türkis
- Tonpapier in Gelb, Violett, Orange, Rot, Weiß
- Kohlepapier
- schwarzer Filzstift
- roter Buntstift
- Schere oder Cutter
- Lineal
- Draht (ca. 22 cm lang)
- 1 kleine und 3 größere Holzperlen
- Rundstab (Länge 50–60 cm)

Vorlage L

1. Den Bären vom Vorlagenbogen viermal auf hellbraunen und den Ball einmal auf roten Tonkarton übertragen. Die Hemden auf gelbes, violettes, orangefarbenes und rotes Tonpapier und die Punkte für den Ball achtmal auf weißes Tonpapier pausen, und alles ausschneiden.

2. Die Hemden auf die Bären und die Punkte auf den Ball kleben. Überlappende Punkte der Rundung des Balles folgend abschneiden. Den Bären mit schwarzem Filzstift Gesichter und mit rotem Buntstift Bäckchen aufmalen.

3. Für das Windrad das 22 x 22 cm große Quadrat vom Vorlagenbogen auf türkisfarbenen Tonkarton übertragen und ausschneiden. Die Diagonalen einzeichnen und so weit einschneiden, daß der Schnitt 3 cm vor dem Mittelpunkt endet. An den markierten Punkten und in den Mittelpunkt des Balles kleine Löcher stanzen.

4. Ein 22 cm langes Stück Draht an einem Ende umbiegen und zuerst die kleine Perle, dann den Ball aus Papier auffädeln. Mit dem langen Ende des Drahts nacheinander durch die Löcher des Quadrats die Spitzen des Windrads aufnehmen, und dann das Drahtende durch das Loch in der Mitte führen. An der Rückseite des Windrads 3 große Perlen aufstecken, und den Draht mehrmals um ein Ende des Holzstabs wickeln.

5. Die Bären an die Spitzen des Windrads kleben.

Elefanten

❶ Für eine Figur den Elefantenkörper zweimal auf Wellpappe übertragen und ausschneiden. Dabei darauf achten, daß die Rillen einmal senkrecht und einmal waagerecht laufen. Das gibt der Figur mehr Stabilität. Die Ohren auf grauen, Augen und Stoßzähne auf weißen Tonkarton und die Bäckchen auf rosa Tonpapier pausen und ebenfalls ausschneiden.

❷ Die Elefantenkörper aufeinanderkleben. Ohren, Stoßzähne, Augen und Bäckchen beidseitig fixieren. Mit einem schwarzen Filzstift Pupillen aufmalen.

❸ Mit einer Lochzange an der angegebenen Stelle ein Loch stanzen und einen ca. 50 cm langen Wollfaden daran festknoten. Am anderen Ende des Fadens einen Gardinenring festbinden.

Spielidee: Den Elefanten am Schwanz fassen, mit Schwung den Ring hochwerfen und versuchen, ihn mit dem Rüssel zu fangen.

Material und Hilfsmittel

- graue Wellpappe
- Tonkarton in Grau, Weiß
- Tonpapier in Rosa
- Kohlepapier
- schwarzer Filzstift
- Lochzange
- Schere oder Cutter
- Klebstoff
- Wollfaden
- Gardinenring

Vorlage M

Leopard am Reck

Material und Hilfsmitel

- Tonkarton in Orange
- Tonpapier in Olivgrün, Hellgrün, Türkis, Braun
- Kohlepapier
- schwarzer Filzstift
- roter Buntstift
- 2 Schaschlikspieße
- 1 Strohhalm (Plastik)
- 1 Zweipfennigstück
- 2 Perlen
- Schere oder Cutter
- Klebstoff
- Fäden

Vorlage **N**

1. Alle Motivteile vom Vorlagenbogen übertragen: den Körper und die Vorderbeine des Leoparden auf orangefarbenen Tonkarton, Hemd und Hosenbeine auf olivgrünes, türkisfarbenes und hellgrünes Tonpapier, und alles ausschneiden.

2. Kleidungsstücke beidseitig aufkleben. Dabei auf einer Seite an der angegebenen Stelle ein Zweipfennigstück mit einkleben.

3. Mit schwarzem Filzstift beidseitig das Gesicht und die Pfoten aufzeichnen. Mit rotem Buntstift Bäckchen modellieren. Aus braunem Tonpapier Kreise ausschneiden und über den Körper verteilt fixieren.

4. Die Vorderpfoten an der angegebenen Stelle mit einem spitzen Gegenstand so durchbohren, daß ein 15 cm langer Strohhalm gerade hindurchpaßt. Er muß fest sitzen.

5. Durch den Strohhalm einen 17 cm langen Schaschlikspieß stecken. Die Spießenden anspitzen, direkt dahinter zwei gleichlange Fäden anbringen, und auf die Spießenden Perlen stecken. Die Fäden an einem zweiten Schaschlikspieß befestigen. In dessen Mitte einen Aufhängefaden anbringen.

Neben dieser Auswahl aus der Brunnen-Reihe haben wir noch viele andere Bücher im Programm. Wir informieren Sie gerne - fordern Sie einfach unsere neuen Prospekte an:

- Bücher für Ihre Kinder: Basteln, Spielen und Lernen mit Kindern
- Bücher für Ihre Hobbys: Stoff und Seidenmalerei, Malen und Zeichnen, Keramik, Floristik
- Bücher zum textilen Handarbeiten: Sticken, Häkeln und Patchwork

Wir sind für Sie da, wenn Sie Fragen zu AutorInnen, Anleitungen oder Materialien haben. Und wir interessieren uns für Ihre eigenen Ideen und Anregungen. Faxen, schreiben Sie oder rufen Sie uns an. Wir hören gerne von Ihnen! Ihr Christophorus-Verlag

Christophorus
Bücher mit Ideen
Hermann-Herder-Str. 4 / 79104 Freiburg i. Breisgau
Tel: 0761/2717-268 oder Fax: 0761/2717-352